乖，让我尝一口

动物极限感觉

【美】凯瑟琳·莱/著

【美】克里斯蒂娜·沃尔德/绘

安桉/译

光童出版社

目 录

食物食物你在哪儿..................................4

上手，开吃..................................7

游动的"舌头"..................................8

在食物上游走..................................11

空气也美味..................................15

尝尝看，吃对了吗..................................19

只咬一口..................................24

好好吃，好好活..................................27

味蕾大PK 28

食物食物
你在哪儿

　　动物们觅食的时候一定不能缺少感觉的帮忙。有了强大的感觉系统，远方的食物躲不开它们的视觉，地下的美味逃不过它们的听觉，再加上灵敏的嗅觉，它们想吃的动植物多半无处遁形。但对于有些动物来说，用味觉找吃的才是上策。而且，尝味道这样的事，可不是只有嘴巴才能做哦。

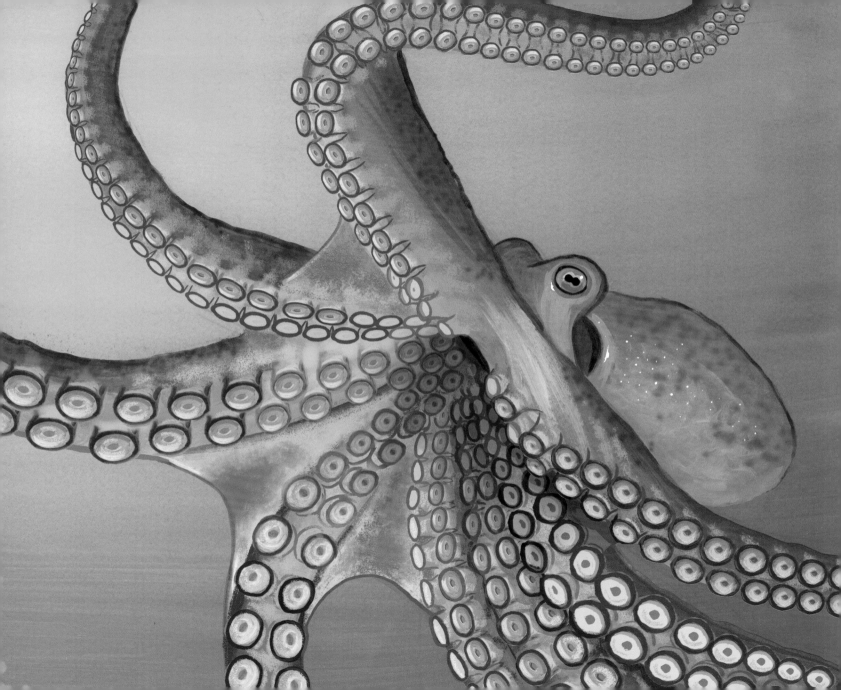

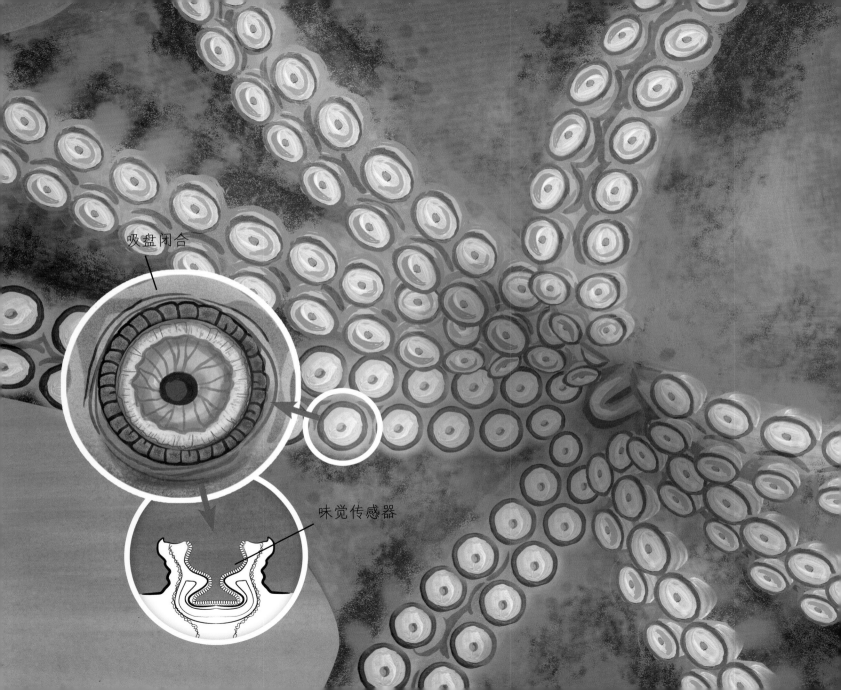

吸盘闭合

味觉传感器

上手，开吃

　　章鱼尝味道的时候一向全靠触手，对，说的就是它身上那些像手臂一样的部位。

　　章鱼一共有八条触手可以尝味道，每条触手上都密密麻麻地分布着两排吸盘。味觉传感器就藏在这些吸盘里，暗中帮章鱼辨别酸甜苦辣。

想象一下，如果你能用手吃出食物的味道来，那得多了不起啊！试试看，闭上眼睛，拿个三明治在你手上蹭蹭，你能不能知道三明治里夹了什么？火鸡肉还是金枪鱼？

7

游动的 "舌头"

　　鲶鱼的味觉真是叫人不可思议。它们居然浑身上下到处都是味蕾，神奇吧?

　　才15厘米长的鲶鱼全身就有大约250000个味蕾。这些特殊的味蕾让鲶鱼能够轻松感知周边世界。要知道，一个人嘴里也不过有10000个味蕾而已。你看，鲶鱼像不像一条会游泳的舌头?

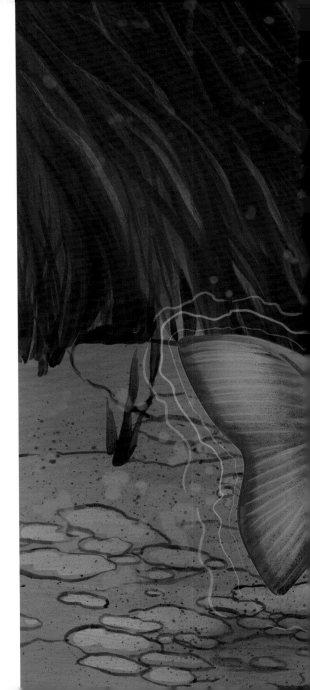

在食物上游走

　　绿头苍蝇在吃东西时，足上的3000根感觉毛作出了很大的贡献。不管绿头苍蝇停在哪儿，感觉毛都能"火眼金睛"地弄明白那是不是一顿美餐。

你能用脚尝出食物的味道吗？假设你可以的话，你就得绕着一桶意大利面转圈圈，时不时还上去踩两脚……

　　别以为只有丑丑的苍蝇才这么干，只要你仔细研究一下好看的蝴蝶，就会发现它们的味蕾也长在了足上。因此，只有勤快地在花朵上爬啊爬，蝴蝶才能享受甜美的花蜜。一旦蝴蝶感觉自己的足碰到了什么甜甜的东西，就轮到它们吸管一样的舌头出场，把食物都喂进嘴里啦。

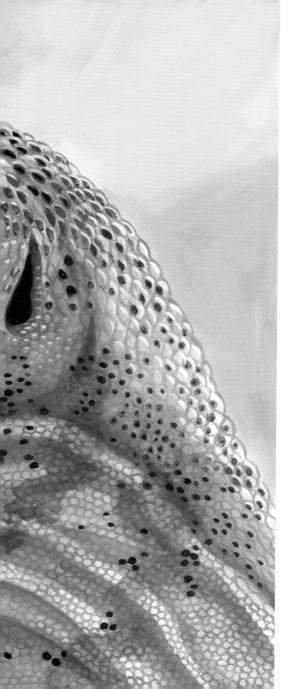

空气也美味

　　巨蜥们都有一条分叉的怪舌头，包括大块头的科摩多龙在内。它们只要用舌头在空气里转个几下，找起猎物来就容易多了。

泽巨蜥则有一套自己的行事风格。打猎成功后它并不急着大快朵颐，而是喜欢先用舌头去舔一舔、尝一尝。当然了，它能成功追踪到猎物的气味，分叉的舌头功不可没。除此之外，长在鼻子附近的一个小部件也格外重要，这个部件就叫作犁鼻器。有了舌头搜罗到的蛛丝马迹，泽巨蜥自然对猎物的位置了然于心啦。

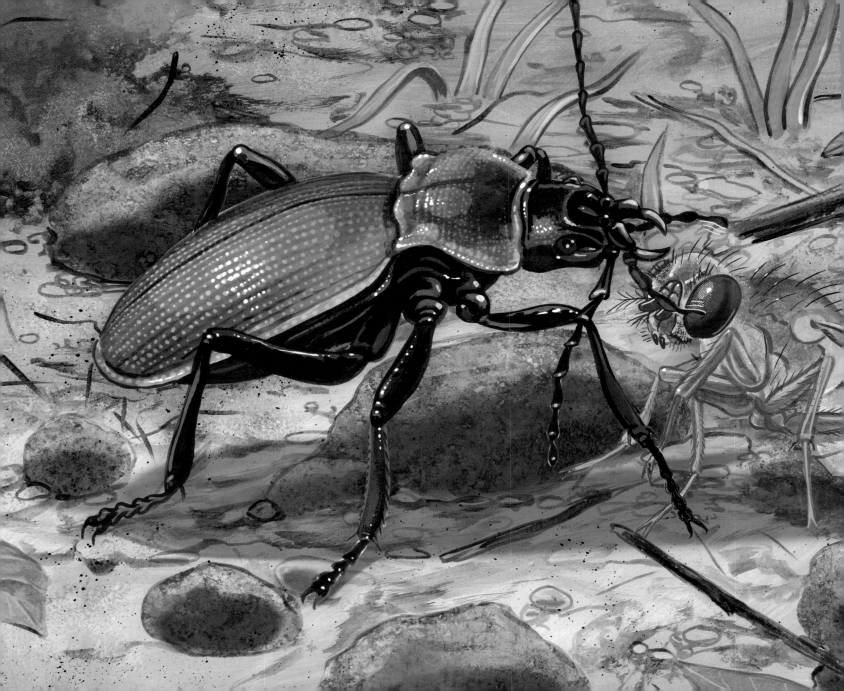

尝尝看，吃对了吗

　　果蝇绝对是步甲类昆虫的最爱。科学家曾经把一股蚜虫味的果蝇喂给这些甲虫吃，它们居然也能下咽。当然，如果果蝇的味道没啥改变的话，甲虫们就更喜欢了。

蜘蛛找到食物后，也需要先尝尝再说。它们用前腿尖端一个叫跗节的地方来细细品尝食物，腿上细密的绒毛能用来搞清楚食物里都有些什么化学成分。

　　一些特定猎物身上的化学成分会告诉某些蜘蛛：不要吃这些家伙。比如某些甲虫、扁虱、木虱、潮虫什么的，蜘蛛就不会吃它们。不同种类的蜘蛛，口味也不一样，关于什么东西比较好吃也没有统一的意见。

只咬一口

鲨鱼小小的味蕾全都分布在嘴巴和喉咙里，整齐地排成一条线。科学家一直以来都想确定鲨鱼吃东西到底会不会有所偏好。毕竟，许多时候鲨鱼会只咬一口猎物。如果它觉得味道不好，咬完一口掉头就走。

 其实你也跟鲨鱼一样，只要咬一口手里的食物，就能明白自己到底喜欢不喜欢吃了。

好好吃，好好活

　　说到鸟类的味觉，那可是厉害得很。不过，鸟儿想要完美尝出酸甜苦咸，就离不开嘴里敏锐的感觉感受器。感觉感受器的每个细胞上都附着一根细细的绒毛，上面沾满了鸟儿的唾液。有了唾液，鸟儿就能知道食物里有哪些化学成分，从而离有害的食物远远的啦！

味蕾大PK

　　一个人一般能有10000个左右的味蕾，但这个数字跟许多动物相比就差远了。比方说，一头奶牛就有35000个味蕾，羚羊就更了不起了，足足有50000个味蕾呢！

就一部分动物而言，觅食的时候最有用的就是味觉了。没了味觉，它们找起吃的来难度就大多了。你想想，当有美食可吃的时候，你一定会觉得自己超级幸福的，对吧！

图书在版编目(CIP)数据

乖，让我尝一口 / （美）凯瑟琳·莱著；（美）克里斯蒂娜·沃尔德绘；安桉译. —上海：少年儿童出版社，2017.1
（动物极限感觉）
ISBN 978-7-5589-0011-2

Ⅰ.①乖… Ⅱ.①凯… ②克… ③安… Ⅲ.①动物—少儿读物 Ⅳ.①Q95-49
中国版本图书馆CIP数据核字（2016）第235994号

著作权合同登记号　图字：09-2016-376 号
Original title: Tasting Their Prey: Animals with an Amazing Sense of Taste
Copyright © 2013 by Abdo Consulting Group, Inc.
First published by Published by Magic Wagon, a division of the ABDO Group
www.abdopublishing.com
All rights reserved.
The simplified Chinese translation rights arranged through Rightol Media
（本书中文简体字版权经由锐拓传媒取得，Email:copyright@rightol.com）

动物极限感觉·乖，让我尝一口

［美］凯瑟琳·莱 著
［美］克里斯蒂娜·沃尔德 绘
安　桉译

责任编辑 梁玉婷　　美术编辑 陈艳萍
责任校对 陶立新　　技术编辑 陆　赟

出版 上海世纪出版股份有限公司少年儿童出版社
地址 200052 上海延安西路1538号
发行 上海世纪出版股份有限公司发行中心
地址 200001 上海福建中路193号
易文网 www.ewen.co 少儿网 www.jcph.com
电子邮件 postmaster@jcph.com

印刷 上海新艺印刷有限公司
开本 787×1092　1/16　印张 2
2017年1月第1版第1次印刷
ISBN 978-7-5589-0011-2 / N·1031
定价 15.00元